RULES

A standard Sudoku puzzle consists of a grid of 9 blocks, each block containing 9 cells. The puzzle begins with some cells already filled in, and the objective is to fill in the remaining cells with digits so that each column, row, and block contains all digits from 1 to 9 without any repetition.

Following is a partially solved puzzle:

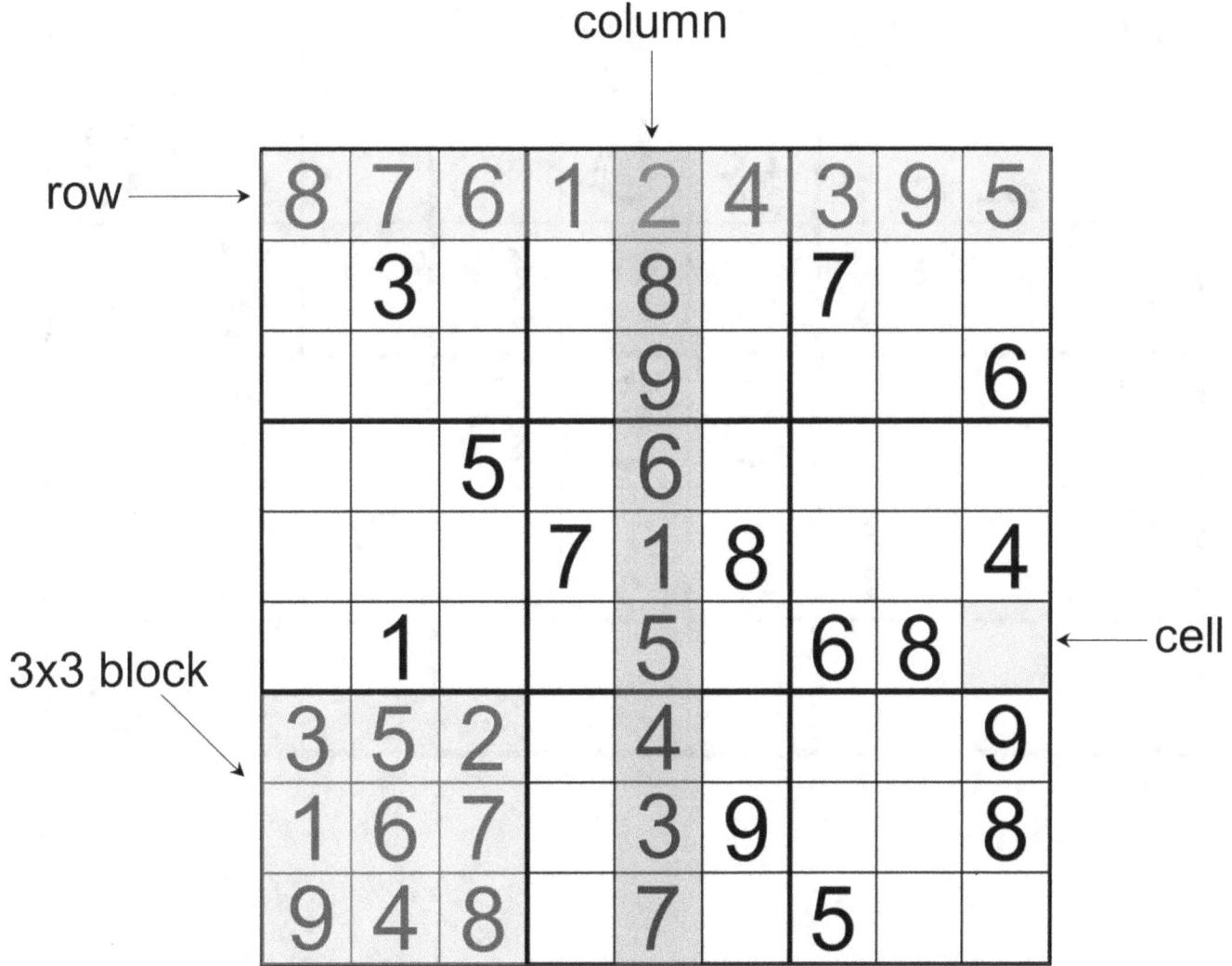

#1 - HARD

			3			1	5	7
	7	5				6		
				6				
4		6		2				
	2		4	5				8
					9		4	
8			5	9	6		1	
9		1				7		
								3

#2 - HARD

2			1					
8		3		4		1	7	
1						4	5	
		9			3			
			5					4
			2		4		8	1
3						6		
			6	5	1			
		5	3		7			8

#3 - HARD

	1	6	3					
5		8						
3			2	6				
		5	1			2	9	8
							1	
		9		7		3	6	
4	5						3	9
					5	8		
				1			7	

#4 - HARD

							2	4
5					3			
	2	8				3		9
	8					6		
2								7
	9			6	5			
		9	2		1		4	6
6				3	4			
	4			9		7	3	

#5 - HARD

2	9			1				7
8		1				4	2	
		7						
6			3	4				
				2		8	3	
3	2		7				5	
			5	6		7		
					4	5	8	
	4			9				

#6 - HARD

8			4	9				
	1							
3	4		1		8	9	5	7
4						7	8	
	3					4		
1	2		7		4			6
9		6			2			
7						5		1

#7 - HARD

								1
	1	5				6		2
8	9						3	
			1	7			5	9
				2				
	5				4	3		
	8			6		7	1	
4			9					3
		7	2				9	6

#8 - HARD

4					5	7		
	3					2		
5	6			2	9		4	
6		5	3			1	8	
				4				
		9	8	7				
	5						7	8
		4		6				9
							6	

#9 - HARD

1						6		
3	6				8			7
		4					2	
6		8	4			7		3
				9				6
	3	7		2		4		
		1						
	9			4			6	
		6		7				1

#10 - HARD

	4	1	7					
9	2		4					8
					6			
	1			9		5		
	8							4
	6			5	1			9
6			2	3		4		7
				4		6		3
7								

#11 - HARD

				9				
7	6					3		
	8		1		4	2	5	
			4		6	1		
			9					3
				5	1		8	
4		6			2			8
	5	6				7		4
	3	8						

#12 - HARD

								1
1		3			7		9	
5		2		3	6			
		8		1				
						7		9
	7	5	6			1	4	
	8						5	7
3								
		1		5	8	4		

#13 - HARD

			6		9			
3		4				6	7	
	5	9	4					
			2		7	1		
	8							
7	3	2			6		8	
2			7		5			
4				9				7
			8		4		5	

#14 - HARD

	6			1	4		5	3
5					6			
		7						6
	9			2	1	4		
	1		9			2	6	
			8				1	5
6		4				3		
		3			9			
					7		2	

#15 - HARD

		9					3	5
	3			9		2		1
2					4			
4	1	6				7		
9					5			
			4	1				
7		4		8			9	
				5	1			
		2	3		9			

#16 - HARD

6		2						5
			9		4	8		1
8	4	1						
				4	3	2		7
		4						
7	2	5						
							5	
				6	7			
	3	7			2		1	8

#17 - HARD

	5			1	8	7	6	
4					7			
		3	9				4	
	9			7	3	1	2	
1							3	8
		5	8			3		
8								9
6		4		3				7

#18 - HARD

				8				
	8	5		3	4		6	9
7				9				
5	3	8	1					
		1						
6	7			4	8	3		2
	4	7		5			8	
					9			4
						2		

#19 - HARD

	5	8				1		9
6							7	
					8			
		7			4	8		3
1	8		6	5				
	9				6		8	
	3		2			9	1	
		4		3		7	5	

#20 - HARD

1	5			9		4		
8	2			5	3	6		
	7				8			
7							6	2
		2					5	
						7		8
		7	8		2			
6		3		7			2	
						3		

#21 - HARD

	7		4		6		3	
2							5	
		8	2		1	6		9
4		3			8			
					3			
6	9		1	3				
			7	8			4	
5	1		3				2	
			6					

#22 - HARD

8						5	2	
6			8					
			7		5			3
9						1		
	3	8	6	4				
	7						8	
7							6	
3			5	8	6		7	1
		2	4		7			

#23 - HARD

					1	2		
	9		2					
3				6				1
4	3						5	9
					6	7		
	5	2			3			4
		3				9		
			5		8	1		
5	8			2	7			3

#24 - HARD

8	4	6			7			3
			9					
			6	5	3			1
			5					
		4		3	6			
1	9						7	
				6	1	7		
		9	4	7	5			
			3			2	1	

#25 - HARD

4								6
		3			1		8	
	1	5						
				6		8	7	
	5	2		1			9	
7	3							2
		8		9				7
				4	8	2	3	
				2	7		4	

#26 - HARD

4		7			2	1	6	
2		3			7		8	
		1		5				
					9			3
		4		3				6
			7			2	5	
		6	2					
			8				9	
7			9	6			1	

#27 - HARD

8							1	
	9			5	7			8
2		6			9	5		
			2				8	6
	3		7	4				
		8						
		4						7
	5					8		
9	8	7	3	2	4			

#28 - HARD

	1							
			3	7	6	8		
2		3	5					
3		5					8	9
8			9	3			4	
1					4	2		3
			8	1				
6								1
	5					7		

#29 - HARD

4		5						
					5		2	4
9	7			3			5	8
	4							2
	2			1		6		
		8			4		9	
5		4			7			
		7	5			4		
	6		8		9			

#30 - HARD

			8	4		1		3
1		9			5		4	
5						9		
2				8				
	1	6						7
					4			9
	9	3		1		7		4
				9				5
	5				2	8		

#31 - VERY HARD

				9	6	5		
6	2				3		1	
								4
							3	8
3				9				
		6	5					
5			9	7		3	6	
		2						9
1		9	2					

#32 - VERY HARD

						6		
			8				1	5
8				6		3		
		3	1					7
		2			6			
		7			5		4	
		1		3		7	2	
		9			4		5	
7					2		6	9

#33 - VERY HARD

	4	1			2			
9							5	
7			3					
1								6
3			2	5		4		
4	6		9	3				5
				9			1	
	1			7				
	8	7					3	

#34 - VERY HARD

		2	7	1				4
8	9							1
4		7			8			2
					4			9
							3	6
	6		9			2		
	8		1	5	9		7	
	7							
		5			6			

#35 - VERY HARD

		9			7		5	
			6			1		7
			3		8			9
		6	4			5		
				1				
1	3			6	2		9	
3	6							
			9		3			6
		8						4

#36 - VERY HARD

7	6		4		9		1	
		9	3					
						7		
			1		2	6		7
	5							
			7	8				4
9	3	6					5	
	5					8	3	
	1							

#37 - VERY HARD

				2		3		
	8		1				6	
			6		3		2	
		8	9	5				2
6								
2			4	7			1	
					5			
	2	9					4	1
			9				3	5

#38 - VERY HARD

3		6		5		9	4	
						7		
	5			3				
2				6			5	4
					9	8	2	
	1	9	5					
		3	7			5	9	
				9			8	2

#39 - VERY HARD

							4	
		4						9
			8		7			3
4		7					1	
	1		9					
	3	9	6	5				
		8			9	3		
				6		7		
9		6	2				8	4

#40 - VERY HARD

			7					5
			2	5		4		1
9				8				3
			1		5		9	
3		2					5	
	8						4	
4	3	5		9		8		
		1					3	

#41 - VERY HARD

			4	2		9	1	
	6			3		2	5	
6	2			9				
	8			6		3	2	
	5	1			2			
	9			5	7			
		3			1			
		4	6					

#42 - VERY HARD

			7					3
		8				2		7
1		7	8	5				
				8			9	
	6	5			2	7		1
			6	9				
		6						4
	5	2						
	4		3					8

#43 - VERY HARD

8		3					5	
	2		5		6			8
5					2			
	6				7			9
	9	8		4		2		
							2	7
	7		2	8			4	
4			9			1		

#44 - VERY HARD

	1	5			7		4	
		4	6		9			
	8		4					9
			2					5
6				1				
						3	7	
		3		6		8		2
	9	7			8			4

#45 - VERY HARD

7					8	9		
	3							2
				9	7	4		3
2					4			
6			1	8				
		4					6	9
3		1						
			9	7	3		8	
		7	4					

#46 - VERY HARD

3								8
			3		2	7		4
9					7	5		
	2	6			3			
				8				
4				2				9
1				3				
	5	3	1					
8					6	1	9	

#47 - VERY HARD

	1				7	8	3	
			3			7	2	9
				4				
	2					9		3
		7						
	9		6		5			
		3	5		8	2		
9		8						
			9			6		8

#48 - VERY HARD

		9				7		
	4							
		3		4	5			
			8					5
4		1		5		9		
					9	6	1	7
6	7		1				8	
3								
		5			2		3	1

#49 - VERY HARD

	9			2		7		
			8			5		
	8	2			4		1	
					8			3
		7	1			2		
6		1	4					
4		8			9			
			3	4				
	2						5	

#50 - VERY HARD

			6	2			8	7
	3				4			5
4			5		1			
			7			1		
		4						
				4		2	3	9
1	2							
		3					9	8
7				5		6		

#51 - VERY HARD

					6		2	
				9				5
			5		2	3		6
1		2						3
4		9						
			3				1	7
	1	7	9			6	3	
		8						
		3				4		9

#52 - VERY HARD

8	7			1		9		3
2			5					4
6								
3	4	5					1	9
			1			7		5
							4	
	2		3					1
				6	2	3		
								8

#53 - VERY HARD

	7		8		6	4		
	8					6		
	9	1						
			3	4				
	4					1		
7	3			5				
	1		6		7		4	9
3							2	
				1		3		6

#54 - VERY HARD

			4	7	9		3	
1				6	8			4
	9			3		7		
2	7				1			9
		8	3		5			7
	5				6	8		
	2							
							5	
5							9	

#55 - VERY HARD

	9			2		4	8	
	1		4			9		
						5	2	
2			3			1		9
			8					7
		2			3			6
6					9			
1	8	4	7					

#56 - VERY HARD

	7				5		6	
	1	6	8		2			9
						3		
9				1	4			8
1			2	5				
	8					1		
							2	3
8	9							1
		5				6		

#57 - VERY HARD

8				4			3	
			8				4	
3					7	8		
2		5		8				1
6						2		
					5	3		
		8					1	9
1	7		5					8
	5			2				

#58 - VERY HARD

	1				7	8	3	
		3		9	2			
6		7	1					
						5		2
				1				
	9	1		6				8
			9					
	5	8		3			2	1
			7				4	

#59 - VERY HARD

		3			1	4		9
					2		7	
	8	2				5		1
		9				1		
	1	5		7				
		7			5		4	2
	6		1					
							3	4
			8	9				

#60 - VERY HARD

4		8				5		
		7	2	8			9	3
	9				7			
				7	1			
		5			8			
		4	5	6				8
	3		9			8		
							4	
1		6						7

#61 - EXTREME

			3	5			8	
3						1	2	4
				4				
2						5	9	
	8		4					
9	3		7					
			9					8
5			6		7	9		
	7							

#62 - EXTREME

	9				7			
8							4	6
						5		
		8		6				1
3		1	2	4		8		
	2	7			9		6	
			7					
	5		4	8		9		

#63 - EXTREME

		9	3					
					7			8
	7	2	9		5	3	1	
	3	1	7				2	
				6	9			
6		4		2			8	
1	8							
							5	

#64 - EXTREME

			8			7		4
		9						
	2	1	3			9		
				1	4			
2			7					
5	6						7	8
					3			9
7					2			
	5	2						

#65 - EXTREME

		2		3				1
	8		4				9	3
	5			7				
		6	1					
		8				6		
2	7				9			
8			6		5			
						7	4	
	3					2		

#66 - EXTREME

				4		5		
	1		2	7		9		
								7
		7			6		1	
6	5	3						
		6			4			3
3		4	1		2			
				8				5

#67 - EXTREME

	5		4				7	
		3	9					5
1	2					5	8	9
					7		2	
								6
			3	5				
		6						7
4			8	1		2	5	

#68 - EXTREME

		9						
2				8				
		3			9	7	2	
			5		3		7	1
6					4			5
					6			
				9	7		5	
	4				1	3		
3	1							

#69 - EXTREME

		9				6		
						1		3
1		5		9		7		
9	8			2			1	
					3			
			6		5			
	4							
			7			3		8
		2		5				4

#70 - EXTREME

		4	6					8
					5	4		
	3	8						
	7	3				5		1
				9	8			
5				2				
					1	6		7
	6	9	4	2				
			6					

#71 - EXTREME

	2		6	8	4	3	7	
	6							
				3				9
9	1	7						
8	7					6		
			2			4		
		6						
5	7						2	
					3			8

#72 - EXTREME

				9				2
			4					1
7		8			1	3		
	2		1					
				2	7			3
	5					8		4
4		6		9				
		1		7				6

#73 - EXTREME

1	3				5			9
	7	6					8	
				7				2
				2				8
		8		6			3	
4		3						
							6	
			8		6			
	2			5	3		1	

#74 - EXTREME

				7				
		7		9	2		6	5
			1					
			2		7			
5								
	8				6			
		6					1	
		4		8		7	2	6
	9			5		4	3	

#75 - EXTREME

2		7			5			
	4		6					
1					8			4
				6	4		9	
3				9				1
							4	6
		5	7			8		
6						2		
		3						

#76 - EXTREME

		3					5	
		9			8		7	3
					9			
5				4	6			
		7	8			4		
6	1						2	
2	9						6	
				8	3			9
			6					

#77 - EXTREME

				3				6
1					6	8		
			5			9	2	
	1	9	4	2				
3	2						7	
7					4	1	3	
		5	9					
				5				7

#78 - EXTREME

					8	3		
4				9				
7					5		9	
	4		6				7	
			1			9		
		5					1	2
						1		
		9		1	4		3	5
			2					7

#79 - EXTREME

			8		7			
6		5	1					
	4	8						
9	3					5	2	
2			3		4	6		
				5				
			7		9	1		8
5			2					7
	9							

#80 - EXTREME

5	2	6		1				
					2		1	9
						6		
			2		3	5		6
	4							7
9				5				
1			3				8	
	3		4					5
		9						

#81 - EXTREME

		3	5					
				8	9	2		4
7								
				5	1			
3	8		9	4				
		5			2	8		
				6		5		
		1	3					7
						1	8	

#82 - EXTREME

		4			2			6
3	5			6				9
1					8			2
					9	7		8
	2		4					
						1		
		1	6		4	9		
	6		5					
		9						

#83 - EXTREME

					6			7
	8		5					4
				4	9		3	
	2			3				
3	7		8					5
7	5						9	
4	9				8			2
		3					6	

#84 - EXTREME

					6		2	3
				5	8			
		3	7			1		5
	7		2		1			
			9					
	5	6		4				
6	2			1	3			
						4		6
8							3	

#85 - EXTREME

	4				7		9	1
		1	8		5		6	
					6			
7					4			
		8					2	9
		4	6				1	
	9						8	
					3	5		7

#86 - EXTREME

			4					
6				9		1		8
			1			2		
		1		8		4		
	6	4			7			5
1	2	5	9					6
		8						3
					2		7	

#87 - EXTREME

3					1		4	
	2		8	6				
		5				7	9	
	4							
		1		5	9		8	
	6		2	3	7			
	3	4			5			9
								5

#88 - EXTREME

9		6	7				3	8
						5		
		7						4
					1	2		
	1		8	5	9			
							6	
	2		9	8				
			3			7		
7	8						9	

#89 - EXTREME

	4			6				
					3		5	
					9	8		
	9	8		2				3
		2	7					1
				8				
5	8						7	
7		1				6	2	
				9				

#90 - EXTREME

7				4				
						7		
						4		9
		6	2				9	
		7	1					
2		9			5	8		3
5					9	3		
	9				1			
	1				3			2

#91 - EXTREME

8						3		5
					6	8	2	
3							4	
					2	5		7
			7	5		1		
		6						
	8		9	2			3	
	9							6
7				1				

#92 - EXTREME

					6			
			9		1		8	
						5		4
4			6					
	1	3		7		9	4	
	8	6	1					2
		1						
7					2	3	5	
		4						7

#93 - EXTREME

			5		1			
						5	7	
1	6			3				
		9					2	
7			1			6		
5		3		4				9
			6	2	8			4
9						1		5

#94 - EXTREME

		5						
				9		3		
			5	7			9	
	3		7		6			
5				3			1	2
4								
3		7				6		
	8			1			4	5
			8					

#95 - EXTREME

2		9		6	7			
						5		1
			4	2				
		3	7					
1		6				8	3	
				9				4
4		2			5			
	8							3
	6						9	

#96 - EXTREME

	7	4					6	
	9		3		6			
	1	5		4	8			
		2						9
5	4			8				
9								3
	8		6				4	
				2	9			
						1		

#97 - EXTREME

1				8				6
8				7				
	6				2		5	4
			4				9	
7	3					5		
								1
4	5	1	6					
							6	
	2			3				

#98 - EXTREME

			6		8		5	
3							7	
		8			9			1
	7			3	5	2		
	3							
5						8		6
				5		7		
	1						8	
2				4				3

#99 - EXTREME

8		1				3		
		4						
				7			4	5
							7	
1	9		3			8		
			2					
	2	3		5	9			4
		5	8					2
							9	1

#100 - EXTREME

			5	3	6		8	
			8					
8	4							
		2					3	5
		1	7		9			
			1				2	
	5		6	4		7		
							4	8
	9					3		

#1

6	9	8	3	4	2	1	5	7
3	7	5	9	1	8	6	2	4
1	4	2	7	6	5	8	3	9
4	1	6	8	2	3	9	7	5
7	2	9	4	5	1	3	6	8
5	8	3	6	7	9	2	4	1
8	3	7	5	9	6	4	1	2
9	5	1	2	3	4	7	8	6
2	6	4	1	8	7	5	9	3

#2

2	9	4	1	7	5	8	6	3
8	5	3	9	4	6	1	7	2
1	6	7	8	3	2	4	5	9
4	8	9	7	1	3	5	2	6
7	2	1	5	6	8	3	9	4
5	3	6	2	9	4	7	8	1
3	7	2	4	8	9	6	1	5
9	4	8	6	5	1	2	3	7
6	1	5	3	2	7	9	4	8

#3

2	1	6	3	5	7	9	8	4
5	7	8	9	4	1	6	2	3
3	9	4	2	6	8	7	5	1
7	4	5	1	3	6	2	9	8
8	6	3	5	2	9	4	1	7
1	2	9	8	7	4	3	6	5
4	5	7	6	8	2	1	3	9
6	3	1	7	9	5	8	4	2
9	8	2	4	1	3	5	7	6

#4

9	3	7	6	1	8	5	2	4
5	6	4	9	2	3	1	7	8
1	2	8	4	5	7	3	6	9
7	8	5	1	4	2	6	9	3
2	1	6	3	8	9	4	5	7
4	9	3	7	6	5	2	8	1
3	5	9	2	7	1	8	4	6
6	7	2	8	3	4	9	1	5
8	4	1	5	9	6	7	3	2

#5

2	9	5	4	1	8	3	6	7
8	3	1	6	9	7	4	2	5
4	6	7	2	5	3	1	9	8
6	1	8	3	4	5	9	7	2
7	5	4	9	2	6	8	3	1
3	2	9	7	8	1	6	5	4
1	8	3	5	6	2	7	4	9
9	7	2	1	3	4	5	8	6
5	4	6	8	7	9	2	1	3

#6

8	6	7	4	9	5	1	3	2
5	1	9	2	7	3	6	4	8
3	4	2	1	6	8	9	5	7
4	9	5	6	2	1	7	8	3
6	7	8	3	4	9	2	1	5
2	3	1	5	8	7	4	6	9
1	2	3	7	5	4	8	9	6
9	5	6	8	1	2	3	7	4
7	8	4	9	3	6	5	2	1

#7

3	2	4	6	5	8	9	7	1
7	1	5	4	3	9	6	8	2
8	9	6	7	1	2	4	3	5
6	4	8	1	7	3	2	5	9
9	7	3	5	2	6	1	4	8
1	5	2	8	9	4	3	6	7
2	8	9	3	6	5	7	1	4
4	6	1	9	8	7	5	2	3
5	3	7	2	4	1	8	9	6

#8

4	2	8	6	3	5	7	9	1
9	3	1	4	8	7	2	5	6
5	6	7	1	2	9	8	4	3
6	7	5	3	9	2	1	8	4
8	1	2	5	4	6	9	3	7
3	4	9	8	7	1	6	2	5
2	5	6	9	1	4	3	7	8
7	8	4	2	6	3	5	1	9
1	9	3	7	5	8	4	6	2

#9

1	8	2	7	3	4	6	5	9
3	6	9	2	5	8	1	4	7
5	7	4	1	6	9	3	2	8
6	2	8	4	1	5	7	9	3
4	1	5	3	9	7	2	8	6
9	3	7	8	2	6	4	1	5
2	5	1	6	8	3	9	7	4
7	9	3	5	4	1	8	6	2
8	4	6	9	7	2	5	3	1

#10

3	4	1	7	8	5	9	6	2
9	2	6	4	1	3	7	5	8
8	7	5	9	2	6	3	4	1
2	1	3	8	9	4	5	7	6
5	8	9	6	7	2	1	3	4
4	6	7	3	5	1	8	2	9
6	5	8	2	3	9	4	1	7
1	9	2	5	4	7	6	8	3
7	3	4	1	6	8	2	9	5

#11

5	1	2	3	9	7	8	4	6
7	6	4	8	2	5	3	9	1
9	8	3	1	6	4	2	5	7
8	2	9	4	3	6	1	7	5
6	5	1	9	7	8	4	2	3
3	4	7	2	5	1	6	8	9
4	7	6	5	1	2	9	3	8
2	9	5	6	8	3	7	1	4
1	3	8	7	4	9	5	6	2

#12

8	4	7	2	9	5	3	6	1
1	6	3	8	4	7	5	9	2
5	9	2	1	3	6	8	7	4
9	3	8	7	1	4	6	2	5
6	1	4	5	2	3	7	8	9
2	7	5	6	8	9	1	4	3
4	8	9	3	6	1	2	5	7
3	5	6	4	7	2	9	1	8
7	2	1	9	5	8	4	3	6

#13

8	1	7	6	3	9	2	4	5
3	2	4	1	5	8	6	7	9
6	5	9	4	7	2	3	1	8
5	4	6	2	8	7	1	9	3
9	8	1	5	4	3	7	6	2
7	3	2	9	1	6	5	8	4
2	9	8	7	6	5	4	3	1
4	6	5	3	9	1	8	2	7
1	7	3	8	2	4	9	5	6

#14

9	6	2	7	1	4	8	5	3
5	8	1	3	9	6	7	4	2
4	3	7	5	8	2	1	9	6
7	9	5	6	2	1	4	3	8
3	1	8	9	4	5	2	6	7
2	4	6	8	7	3	9	1	5
6	2	4	1	5	8	3	7	9
1	7	3	2	6	9	5	8	4
8	5	9	4	3	7	6	2	1

#15

6	4	9	1	7	2	8	3	5
5	3	7	6	9	8	2	4	1
2	8	1	5	3	4	9	7	6
4	1	6	9	2	3	7	5	8
9	7	3	8	6	5	4	1	2
8	2	5	4	1	7	3	6	9
7	5	4	2	8	6	1	9	3
3	9	8	7	5	1	6	2	4
1	6	2	3	4	9	5	8	7

#16

6	9	2	7	1	8	4	3	5
5	7	3	9	2	4	8	6	1
8	4	1	6	3	5	9	7	2
1	6	9	5	4	3	2	8	7
3	8	4	2	7	1	5	9	6
7	2	5	8	9	6	1	4	3
2	1	6	3	8	9	7	5	4
4	5	8	1	6	7	3	2	9
9	3	7	4	5	2	6	1	8

#17

2	5	9	4	1	8	7	6	3
4	6	1	3	5	7	8	9	2
7	8	3	9	2	6	5	4	1
3	2	6	1	8	4	9	7	5
5	9	8	6	7	3	1	2	4
1	4	7	2	9	5	6	3	8
9	7	5	8	4	2	3	1	6
8	3	2	7	6	1	4	5	9
6	1	4	5	3	9	2	8	7

#18

3	9	6	2	8	1	4	7	5
2	8	5	7	3	4	1	6	9
7	1	4	6	9	5	8	2	3
5	3	8	1	2	7	9	4	6
4	2	1	9	6	3	7	5	8
6	7	9	5	4	8	3	1	2
9	4	7	3	5	2	6	8	1
1	6	2	8	7	9	5	3	4
8	5	3	4	1	6	2	9	7

#19

4	5	8	7	6	2	1	3	9
6	2	3	5	9	1	4	7	8
9	7	1	3	4	8	6	2	5
3	4	2	9	8	7	5	6	1
5	6	7	1	2	4	8	9	3
1	8	9	6	5	3	2	4	7
7	9	5	4	1	6	3	8	2
8	3	6	2	7	5	9	1	4
2	1	4	8	3	9	7	5	6

#20

1	5	6	2	9	7	4	8	3
8	2	4	1	5	3	6	7	9
3	7	9	6	4	8	2	1	5
7	4	8	3	1	5	9	6	2
9	3	2	7	8	6	1	5	4
5	6	1	4	2	9	7	3	8
4	1	7	8	3	2	5	9	6
6	9	3	5	7	4	8	2	1
2	8	5	9	6	1	3	4	7

#21

1	7	5	4	9	6	8	3	2
2	6	9	8	7	3	4	5	1
3	4	8	2	5	1	6	7	9
4	2	3	5	6	8	9	1	7
8	5	1	9	2	7	3	6	4
6	9	7	1	3	4	2	8	5
9	3	2	7	8	5	1	4	6
5	1	6	3	4	9	7	2	8
7	8	4	6	1	2	5	9	3

#22

8	1	7	9	3	4	5	2	6
6	5	3	8	1	2	9	4	7
4	2	9	7	6	5	8	1	3
9	4	6	2	7	8	1	3	5
5	3	8	6	4	1	7	9	2
2	7	1	3	5	9	6	8	4
7	8	5	1	2	3	4	6	9
3	9	4	5	8	6	2	7	1
1	6	2	4	9	7	3	5	8

#23

7	6	5	3	4	1	2	9	8
1	9	8	2	7	5	3	4	6
3	2	4	8	6	9	5	7	1
4	3	7	1	8	2	6	5	9
8	1	9	4	5	6	7	3	2
6	5	2	7	9	3	8	1	4
2	7	3	6	1	4	9	8	5
9	4	6	5	3	8	1	2	7
5	8	1	9	2	7	4	6	3

#24

8	4	6	1	2	7	9	5	3
3	5	1	9	8	4	6	2	7
9	7	2	6	5	3	8	4	1
6	8	7	5	1	9	4	3	2
5	2	4	7	3	6	1	8	9
1	9	3	8	4	2	5	7	6
4	3	8	2	6	1	7	9	5
2	1	9	4	7	5	3	6	8
7	6	5	3	9	8	2	1	4

#25

4	8	7	2	3	9	1	5	6
6	2	3	4	5	1	7	8	9
9	1	5	8	7	6	3	2	4
1	9	4	3	6	2	8	7	5
8	5	2	7	1	4	6	9	3
7	3	6	9	8	5	4	1	2
2	4	8	1	9	3	5	6	7
5	7	9	6	4	8	2	3	1
3	6	1	5	2	7	9	4	8

#26

4	5	7	3	8	2	1	6	9
2	6	3	1	9	7	4	8	5
9	8	1	4	5	6	3	2	7
1	7	5	6	2	9	8	4	3
8	2	4	5	3	1	9	7	6
6	3	9	7	4	8	2	5	1
5	9	6	2	1	4	7	3	8
3	1	2	8	7	5	6	9	4
7	4	8	9	6	3	5	1	2

#27

8	7	5	4	6	2	3	1	9
4	9	3	1	5	7	6	2	8
2	1	6	8	3	9	5	7	4
5	4	9	2	1	3	7	8	6
6	3	1	7	4	8	9	5	2
7	2	8	6	9	5	4	3	1
3	6	4	5	8	1	2	9	7
1	5	2	9	7	6	8	4	3
9	8	7	3	2	4	1	6	5

#28

7	1	6	2	9	8	5	3	4
5	9	4	3	7	6	8	1	2
2	8	3	5	4	1	9	7	6
3	4	5	1	2	7	6	8	9
8	6	2	9	3	5	1	4	7
1	7	9	6	8	4	2	5	3
4	2	7	8	1	9	3	6	5
6	3	8	7	5	2	4	9	1
9	5	1	4	6	3	7	2	8

#29

4	1	5	7	8	2	9	6	3
8	3	6	1	9	5	7	2	4
9	7	2	4	3	6	1	5	8
1	4	9	6	5	3	8	7	2
7	2	3	9	1	8	6	4	5
6	5	8	2	7	4	3	9	1
5	8	4	3	6	7	2	1	9
3	9	7	5	2	1	4	8	6
2	6	1	8	4	9	5	3	7

#30

7	6	2	8	4	9	1	5	3
1	3	9	7	2	5	6	4	8
5	4	8	1	3	6	9	7	2
2	7	4	9	8	1	5	3	6
9	1	6	2	5	3	4	8	7
3	8	5	6	7	4	2	1	9
6	9	3	5	1	8	7	2	4
8	2	1	4	9	7	3	6	5
4	5	7	3	6	2	8	9	1

#31

8	1	7	4	9	6	5	2	3
6	2	4	8	5	3	9	1	7
9	5	3	1	2	7	6	8	4
4	9	5	6	1	2	7	3	8
3	8	1	7	4	9	2	5	6
2	7	6	5	3	8	4	9	1
5	4	8	9	7	1	3	6	2
7	6	2	3	8	5	1	4	9
1	3	9	2	6	4	8	7	5

#32

3	1	4	9	5	7	6	8	2
2	7	6	8	4	3	9	1	5
8	9	5	2	6	1	3	7	4
4	6	3	1	2	8	5	9	7
9	5	2	4	7	6	8	3	1
1	8	7	3	9	5	2	4	6
5	4	1	6	3	9	7	2	8
6	2	9	7	8	4	1	5	3
7	3	8	5	1	2	4	6	9

#33

8	4	1	5	6	2	9	7	3
9	2	3	4	1	7	6	5	8
7	5	6	3	8	9	1	4	2
1	9	5	7	4	8	3	2	6
3	7	8	2	5	6	4	9	1
4	6	2	9	3	1	7	8	5
2	3	4	6	9	5	8	1	7
5	1	9	8	7	3	2	6	4
6	8	7	1	2	4	5	3	9

#34

6	5	2	7	1	3	8	9	4
8	9	3	4	2	5	7	6	1
4	1	7	6	9	8	3	5	2
7	3	1	2	6	4	5	8	9
9	2	4	5	8	7	1	3	6
5	6	8	9	3	1	2	4	7
2	8	6	1	5	9	4	7	3
3	7	9	8	4	2	6	1	5
1	4	5	3	7	6	9	2	8

#35

6	4	9	1	2	7	8	5	3
5	8	3	6	9	4	1	2	7
2	7	1	3	5	8	6	4	9
8	2	6	4	3	9	5	7	1
7	9	4	8	1	5	3	6	2
1	3	5	7	6	2	4	9	8
3	6	7	2	4	1	9	8	5
4	5	2	9	8	3	7	1	6
9	1	8	5	7	6	2	3	4

#36

7	6	8	4	2	9	3	1	5
5	4	9	3	1	7	2	6	8
1	2	3	8	6	5	7	4	9
3	8	4	1	5	2	6	9	7
2	5	7	9	4	6	1	8	3
6	9	1	7	8	3	5	2	4
9	3	6	2	7	8	4	5	1
4	7	5	6	9	1	8	3	2
8	1	2	5	3	4	9	7	6

#37

1	6	4	5	2	7	3	9	8
3	8	2	1	4	9	5	6	7
9	5	7	6	8	3	1	2	4
4	3	8	9	5	1	6	7	2
6	7	1	8	3	2	4	5	9
2	9	5	4	7	6	8	1	3
7	4	3	2	1	5	9	8	6
5	2	9	3	6	8	7	4	1
8	1	6	7	9	4	2	3	5

#38

3	7	6	1	5	2	9	4	8
1	8	2	9	4	6	7	3	5
9	5	4	8	3	7	2	1	6
4	3	8	2	1	5	6	7	9
2	9	7	3	6	8	1	5	4
5	6	1	4	7	9	8	2	3
8	1	9	5	2	3	4	6	7
6	2	3	7	8	4	5	9	1
7	4	5	6	9	1	3	8	2

#39

7	2	3	5	9	6	8	4	1
6	8	4	1	2	3	5	7	9
1	9	5	8	4	7	2	6	3
4	6	7	3	8	2	9	1	5
5	1	2	9	7	4	6	3	8
8	3	9	6	5	1	4	2	7
2	4	8	7	1	9	3	5	6
3	5	1	4	6	8	7	9	2
9	7	6	2	3	5	1	8	4

#40

1	2	4	7	3	6	9	8	5
8	7	3	2	5	9	4	6	1
9	5	6	4	8	1	2	7	3
6	4	7	1	2	5	3	9	8
3	1	2	9	4	8	7	5	6
5	8	9	3	6	7	1	4	2
4	3	5	6	9	2	8	1	7
7	9	8	5	1	3	6	2	4
2	6	1	8	7	4	5	3	9

#41

7	3	5	4	2	8	9	1	6
1	6	8	7	3	9	2	5	4
9	4	2	5	1	6	8	7	3
6	2	7	3	9	4	1	8	5
4	8	9	1	6	5	3	2	7
3	5	1	8	7	2	6	4	9
8	9	6	2	5	7	4	3	1
2	7	3	9	4	1	5	6	8
5	1	4	6	8	3	7	9	2

#42

5	9	4	7	2	6	8	1	3
6	3	8	9	1	4	2	5	7
1	2	7	8	5	3	4	6	9
4	7	3	5	8	1	6	9	2
9	6	5	4	3	2	7	8	1
2	8	1	6	9	7	3	4	5
8	1	6	2	7	9	5	3	4
3	5	2	1	4	8	9	7	6
7	4	9	3	6	5	1	2	8

#43

8	4	3	7	2	9	6	5	1
6	1	5	4	3	8	7	9	2
9	2	7	5	1	6	4	3	8
5	3	1	6	9	2	8	7	4
2	6	4	8	5	7	3	1	9
7	9	8	3	4	1	2	6	5
3	8	9	1	6	4	5	2	7
1	7	6	2	8	5	9	4	3
4	5	2	9	7	3	1	8	6

#44

9	1	5	3	8	7	2	4	6
3	2	4	6	5	9	1	8	7
7	8	6	4	2	1	5	3	9
8	3	1	2	7	4	9	6	5
6	7	9	5	1	3	4	2	8
4	5	2	8	9	6	3	7	1
1	4	3	7	6	5	8	9	2
5	6	8	9	4	2	7	1	3
2	9	7	1	3	8	6	5	4

#45

7	4	2	3	5	8	9	1	6
9	3	5	6	4	1	8	7	2
1	6	8	2	9	7	4	5	3
2	1	9	5	6	4	7	3	8
6	7	3	1	8	9	5	2	4
5	8	4	7	3	2	1	6	9
3	9	1	8	2	5	6	4	7
4	5	6	9	7	3	2	8	1
8	2	7	4	1	6	3	9	5

#46

3	1	7	4	6	5	9	2	8
6	8	5	3	9	2	7	1	4
9	4	2	8	1	7	5	3	6
5	2	6	9	7	3	4	8	1
7	9	1	6	8	4	3	5	2
4	3	8	5	2	1	6	7	9
1	6	9	7	3	8	2	4	5
2	5	3	1	4	9	8	6	7
8	7	4	2	5	6	1	9	3

#47

5	1	9	2	6	7	8	3	4
4	8	6	3	5	1	7	2	9
7	3	2	8	4	9	5	1	6
1	2	5	7	8	4	9	6	3
3	6	7	1	9	2	4	8	5
8	9	4	6	3	5	1	7	2
6	4	3	5	1	8	2	9	7
9	7	8	4	2	6	3	5	1
2	5	1	9	7	3	6	4	8

#48

1	5	9	2	8	3	7	6	4
2	4	6	9	7	1	8	5	3
7	8	3	6	4	5	1	9	2
9	2	7	8	1	6	3	4	5
4	6	1	3	5	7	9	2	8
5	3	8	4	2	9	6	1	7
6	7	2	1	3	4	5	8	9
3	1	4	5	9	8	2	7	6
8	9	5	7	6	2	4	3	1

#49

1	9	6	5	2	3	7	8	4
3	7	4	8	1	6	5	9	2
5	8	2	9	7	4	3	1	6
2	5	9	7	6	8	1	4	3
8	4	7	1	3	5	2	6	9
6	3	1	4	9	2	8	7	5
4	1	8	2	5	9	6	3	7
7	6	5	3	4	1	9	2	8
9	2	3	6	8	7	4	5	1

#50

5	9	1	6	2	3	4	8	7
2	3	6	8	7	4	9	1	5
4	8	7	5	9	1	3	6	2
3	6	2	7	8	9	1	5	4
9	1	4	2	3	5	8	7	6
8	7	5	1	4	6	2	3	9
1	2	8	9	6	7	5	4	3
6	5	3	4	1	2	7	9	8
7	4	9	3	5	8	6	2	1

#51

5	9	1	8	3	6	7	2	4
3	2	6	4	9	7	1	8	5
7	8	4	5	1	2	3	9	6
1	7	2	6	5	9	8	4	3
4	3	9	1	7	8	5	6	2
8	6	5	3	2	4	9	1	7
2	1	7	9	4	5	6	3	8
9	4	8	7	6	3	2	5	1
6	5	3	2	8	1	4	7	9

#52

8	7	4	2	1	6	9	5	3
2	9	1	5	7	3	6	8	4
6	5	3	8	4	9	1	7	2
3	4	5	6	2	7	8	1	9
9	6	2	1	8	4	7	3	5
1	8	7	9	3	5	2	4	6
7	2	9	3	5	8	4	6	1
5	1	8	4	6	2	3	9	7
4	3	6	7	9	1	5	2	8

#53

2	7	3	8	9	6	4	1	5
5	8	4	2	7	1	6	9	3
6	9	1	4	5	3	2	7	8
1	2	6	3	4	9	8	5	7
9	4	5	7	6	8	1	3	2
7	3	8	1	2	5	9	6	4
8	1	2	6	3	7	5	4	9
3	6	9	5	8	4	7	2	1
4	5	7	9	1	2	3	8	6

#54

8	6	2	4	7	9	1	3	5
1	3	7	5	6	8	9	2	4
4	9	5	1	3	2	7	8	6
2	7	3	8	4	1	5	6	9
6	1	8	3	9	5	2	4	7
9	5	4	7	2	6	8	1	3
3	2	1	9	5	4	6	7	8
7	8	9	6	1	3	4	5	2
5	4	6	2	8	7	3	9	1

#55

3	9	7	6	2	1	4	8	5
8	1	5	4	3	7	9	6	2
4	2	6	5	9	8	3	7	1
7	3	1	9	6	4	5	2	8
2	6	8	3	7	5	1	4	9
5	4	9	8	1	2	6	3	7
9	7	2	1	4	3	8	5	6
6	5	3	2	8	9	7	1	4
1	8	4	7	5	6	2	9	3

#56

3	7	9	1	4	5	8	6	2
5	1	6	8	3	2	7	4	9
4	2	8	7	9	6	3	1	5
9	5	7	6	1	4	2	3	8
1	6	3	2	5	8	4	9	7
2	8	4	3	7	9	1	5	6
6	4	1	5	8	7	9	2	3
8	9	2	4	6	3	5	7	1
7	3	5	9	2	1	6	8	4

#57

8	9	7	6	4	2	1	3	5
5	6	2	8	3	1	9	4	7
3	1	4	9	5	7	8	6	2
2	3	5	4	8	6	7	9	1
6	8	1	3	7	9	2	5	4
7	4	9	2	1	5	3	8	6
4	2	8	7	6	3	5	1	9
1	7	3	5	9	4	6	2	8
9	5	6	1	2	8	4	7	3

#58

9	1	2	6	5	7	8	3	4
5	4	3	8	9	2	1	6	7
6	8	7	1	4	3	2	5	9
8	6	4	3	7	9	5	1	2
3	7	5	2	1	8	4	9	6
2	9	1	5	6	4	3	7	8
4	3	6	9	2	1	7	8	5
7	5	8	4	3	6	9	2	1
1	2	9	7	8	5	6	4	3

#59

7	5	3	6	8	1	4	2	9
1	9	6	4	5	2	3	7	8
4	8	2	7	3	9	5	6	1
2	4	9	3	6	8	1	5	7
6	1	5	2	7	4	9	8	3
8	3	7	9	1	5	6	4	2
3	6	8	1	4	7	2	9	5
9	7	1	5	2	6	8	3	4
5	2	4	8	9	3	7	1	6

#60

4	2	8	1	9	3	5	7	6
5	6	7	2	8	4	1	9	3
3	9	1	6	5	7	2	8	4
9	8	3	4	7	1	6	2	5
6	7	5	3	2	8	4	1	9
2	1	4	5	6	9	7	3	8
7	3	2	9	4	5	8	6	1
8	5	9	7	1	6	3	4	2
1	4	6	8	3	2	9	5	7

#61

4	2	7	3	5	1	6	8	9
3	5	6	8	7	9	1	2	4
1	9	8	2	4	6	3	7	5
2	6	4	1	3	8	5	9	7
7	8	1	4	9	5	2	3	6
9	3	5	7	6	2	8	4	1
6	1	3	9	2	4	7	5	8
5	4	2	6	8	7	9	1	3
8	7	9	5	1	3	4	6	2

#62

6	9	4	8	5	7	2	1	3
8	1	5	3	9	2	7	4	6
7	3	2	6	1	4	5	8	9
2	4	9	1	7	8	6	3	5
5	7	8	9	6	3	4	2	1
3	6	1	2	4	5	8	9	7
4	2	7	5	3	9	1	6	8
9	8	6	7	2	1	3	5	4
1	5	3	4	8	6	9	7	2

#63

8	6	9	3	1	2	5	4	7
5	1	3	6	4	7	2	9	8
4	7	2	9	8	5	3	1	6
9	3	1	7	5	8	6	2	4
2	5	6	1	3	4	8	7	9
7	4	8	2	6	9	1	3	5
6	9	4	5	2	1	7	8	3
1	8	5	4	7	3	9	6	2
3	2	7	8	9	6	4	5	1

#64

6	3	5	8	9	1	7	2	4
8	7	9	4	2	5	6	3	1
4	2	1	3	6	7	9	8	5
9	8	7	6	1	4	3	5	2
2	1	3	7	5	8	4	9	6
5	6	4	2	3	9	1	7	8
1	4	8	5	7	3	2	6	9
7	9	6	1	8	2	5	4	3
3	5	2	9	4	6	8	1	7

#65

6	9	2	5	3	8	4	7	1
7	8	1	4	2	6	5	9	3
4	5	3	9	7	1	8	2	6
3	4	6	1	8	2	9	5	7
9	1	8	7	5	4	6	3	2
2	7	5	3	6	9	1	8	4
8	2	7	6	4	5	3	1	9
5	6	9	2	1	3	7	4	8
1	3	4	8	9	7	2	6	5

#66

7	6	2	3	4	9	5	8	1
4	1	8	2	7	5	9	3	6
9	3	5	8	6	1	2	4	7
2	4	1	9	3	7	6	5	8
8	9	7	5	2	6	3	1	4
6	5	3	4	1	8	7	9	2
5	8	6	7	9	4	1	2	3
3	7	4	1	5	2	8	6	9
1	2	9	6	8	3	4	7	5

#67

7	9	8	6	5	1	4	3	2
6	5	1	4	2	3	9	7	8
2	4	3	9	7	8	1	6	5
1	2	7	3	6	4	5	8	9
9	6	4	5	8	7	3	2	1
3	8	5	1	9	2	7	4	6
8	1	2	7	3	5	6	9	4
5	3	6	2	4	9	8	1	7
4	7	9	8	1	6	2	5	3

#68

7	8	9	1	3	2	5	4	6
2	6	4	7	8	5	9	1	3
1	5	3	6	4	9	7	2	8
4	9	8	5	2	3	6	7	1
6	7	2	9	1	4	8	3	5
5	3	1	8	7	6	4	9	2
8	2	6	3	9	7	1	5	4
9	4	5	2	6	1	3	8	7
3	1	7	4	5	8	2	6	9

#69

4	7	9	2	3	1	6	8	5
8	2	6	5	7	4	1	9	3
1	3	5	8	9	6	7	4	2
9	8	3	4	2	7	5	1	6
6	5	4	9	1	3	8	2	7
2	1	7	6	8	5	4	3	9
7	4	8	3	6	9	2	5	1
5	9	1	7	4	2	3	6	8
3	6	2	1	5	8	9	7	4

#70

2	5	4	6	7	3	1	9	8
6	9	7	8	1	5	4	3	2
1	3	8	2	9	4	7	5	6
9	7	3	4	8	6	5	2	1
4	6	2	1	5	9	8	7	3
5	8	1	3	2	7	9	6	4
8	2	9	5	3	1	6	4	7
7	1	6	9	4	2	3	8	5
3	4	5	7	6	8	2	1	9

#71

1	2	9	6	8	4	3	7	5
3	6	8	5	9	7	2	1	4
7	5	4	1	3	2	6	8	9
4	9	1	7	5	6	8	3	2
2	8	7	3	4	9	5	6	1
6	3	5	8	2	1	9	4	7
8	4	6	2	7	5	1	9	3
5	7	3	9	1	8	4	2	6
9	1	2	4	6	3	7	5	8

#72

3	1	4	7	9	6	5	8	2
2	9	5	4	3	8	6	7	1
7	6	8	5	2	1	3	4	9
8	2	3	1	7	4	9	6	5
5	4	6	9	8	2	7	1	3
1	7	9	3	6	5	4	2	8
6	5	7	2	1	3	8	9	4
4	8	2	6	5	9	1	3	7
9	3	1	8	4	7	2	5	6

#73

1	3	2	4	8	5	6	7	9
5	7	6	2	3	9	4	8	1
8	4	9	6	7	1	3	5	2
7	6	5	3	2	4	1	9	8
2	9	8	1	6	7	5	3	4
4	1	3	5	9	8	7	2	6
3	8	1	7	4	2	9	6	5
9	5	7	8	1	6	2	4	3
6	2	4	9	5	3	8	1	7

#74

9	6	5	4	7	3	2	8	1
4	1	7	8	9	2	3	6	5
3	2	8	1	6	5	9	7	4
6	4	9	2	1	7	8	5	3
5	7	1	9	3	8	6	4	2
2	8	3	5	4	6	1	9	7
8	3	6	7	2	4	5	1	9
1	5	4	3	8	9	7	2	6
7	9	2	6	5	1	4	3	8

#75

2	9	7	1	4	5	6	3	8
5	4	8	6	3	9	1	2	7
1	3	6	2	7	8	9	5	4
8	7	1	3	6	4	5	9	2
3	6	4	5	9	2	7	8	1
9	5	2	8	1	7	3	4	6
4	1	5	7	2	3	8	6	9
6	8	9	4	5	1	2	7	3
7	2	3	9	8	6	4	1	5

#76

8	4	3	7	6	1	9	5	2
1	5	9	4	2	8	6	7	3
7	6	2	3	5	9	1	8	4
5	3	8	2	4	6	7	9	1
9	2	7	8	1	5	4	3	6
6	1	4	9	3	7	8	2	5
2	9	5	1	7	4	3	6	8
4	7	6	5	8	3	2	1	9
3	8	1	6	9	2	5	4	7

#77

9	8	4	1	3	2	7	5	6
1	5	2	7	9	6	8	4	3
6	7	3	5	4	8	9	2	1
5	1	9	4	2	7	3	6	8
3	2	6	8	1	9	5	7	4
8	4	7	6	5	3	2	1	9
7	9	8	2	6	4	1	3	5
4	3	5	9	7	1	6	8	2
2	6	1	3	8	5	4	9	7

#78

1	9	2	7	6	8	3	5	4
4	5	6	3	9	1	7	2	8
7	8	3	4	2	5	6	9	1
9	4	1	6	8	2	5	7	3
8	2	7	1	5	3	9	4	6
3	6	5	9	4	7	8	1	2
2	3	4	5	7	6	1	8	9
6	7	9	8	1	4	2	3	5
5	1	8	2	3	9	4	6	7

#79

1	2	9	8	4	7	3	6	5
6	7	5	1	2	3	8	9	4
3	4	8	5	9	6	7	1	2
9	3	4	6	7	8	5	2	1
2	5	7	3	1	4	6	8	9
8	1	6	9	5	2	4	7	3
4	6	2	7	3	9	1	5	8
5	8	3	2	6	1	9	4	7
7	9	1	4	8	5	2	3	6

#80

5	2	6	9	1	7	3	4	8
3	8	4	5	6	2	7	1	9
7	9	1	8	3	4	6	5	2
8	1	7	2	4	3	5	9	6
2	4	5	6	9	1	8	3	7
9	6	3	7	5	8	4	2	1
1	5	2	3	7	6	9	8	4
6	3	8	4	2	9	1	7	5
4	7	9	1	8	5	2	6	3

#81

9	4	3	5	2	6	7	1	8
1	5	6	7	8	9	2	3	4
7	2	8	4	1	3	9	6	5
6	9	7	8	5	1	3	4	2
3	8	2	9	4	7	6	5	1
4	1	5	6	3	2	8	7	9
2	7	4	1	6	8	5	9	3
8	6	1	3	9	5	4	2	7
5	3	9	2	7	4	1	8	6

#82

7	8	4	9	5	2	3	1	6
3	5	2	7	6	1	4	8	9
1	9	6	3	4	8	5	7	2
6	1	5	2	3	9	7	4	8
8	2	7	4	1	5	6	9	3
9	4	3	8	7	6	1	2	5
2	3	1	6	8	4	9	5	7
4	6	8	5	9	7	2	3	1
5	7	9	1	2	3	8	6	4

#83

1	3	4	2	8	6	9	5	7
9	8	7	5	1	3	6	2	4
5	6	2	7	4	9	8	3	1
6	4	5	1	7	2	3	8	9
8	2	1	9	3	5	7	4	6
3	7	9	8	6	4	2	1	5
7	5	8	6	2	1	4	9	3
4	9	6	3	5	8	1	7	2
2	1	3	4	9	7	5	6	8

#84

5	8	4	1	9	6	7	2	3
7	1	2	3	5	8	9	6	4
9	6	3	7	2	4	1	8	5
4	7	9	2	3	1	6	5	8
1	3	8	9	6	5	2	4	7
2	5	6	8	4	7	3	9	1
6	2	5	4	1	3	8	7	9
3	9	7	5	8	2	4	1	6
8	4	1	6	7	9	5	3	2

#85

6	4	5	3	2	7	8	9	1
3	7	1	8	9	5	2	6	4
9	8	2	1	4	6	3	7	5
7	1	9	2	8	4	6	5	3
5	6	8	7	3	1	4	2	9
2	3	4	6	5	9	7	1	8
4	9	3	5	7	2	1	8	6
1	5	7	4	6	8	9	3	2
8	2	6	9	1	3	5	4	7

#86

3	1	9	4	2	8	6	5	7
6	4	2	7	9	5	1	3	8
8	5	7	1	3	6	2	9	4
5	7	1	3	8	9	4	6	2
2	8	3	5	6	4	7	1	9
9	6	4	2	1	7	3	8	5
1	2	5	9	7	3	8	4	6
7	9	8	6	4	1	5	2	3
4	3	6	8	5	2	9	7	1

#87

4	5	8	3	9	2	1	6	7
3	9	6	5	7	1	8	4	2
1	2	7	8	6	4	9	5	3
6	8	5	1	2	3	7	9	4
9	4	3	7	8	6	5	2	1
2	7	1	4	5	9	3	8	6
5	6	9	2	3	7	4	1	8
8	3	4	6	1	5	2	7	9
7	1	2	9	4	8	6	3	5

#88

9	4	6	7	2	5	1	3	8
2	3	1	4	9	8	5	7	6
8	5	7	1	6	3	9	2	4
4	7	8	6	3	1	2	5	9
6	1	2	8	5	9	3	4	7
3	9	5	2	7	4	8	6	1
5	2	4	9	8	7	6	1	3
1	6	9	3	4	2	7	8	5
7	8	3	5	1	6	4	9	2

#89

8	4	3	2	6	5	1	9	7
9	1	6	8	7	3	4	5	2
2	7	5	1	4	9	8	3	6
1	9	8	5	2	4	7	6	3
4	5	2	7	3	6	9	8	1
3	6	7	9	8	1	2	4	5
5	8	9	6	1	2	3	7	4
7	3	1	4	5	8	6	2	9
6	2	4	3	9	7	5	1	8

#90

7	3	5	9	4	2	1	8	6
9	2	4	8	1	6	7	3	5
8	6	1	3	5	7	4	2	9
1	8	6	2	3	4	5	9	7
3	5	7	1	9	8	2	6	4
2	4	9	7	6	5	8	1	3
5	7	2	6	8	9	3	4	1
4	9	3	5	2	1	6	7	8
6	1	8	4	7	3	9	5	2

#91

8	6	2	1	4	9	3	7	5
9	4	7	5	3	6	8	2	1
3	1	5	2	8	7	6	4	9
1	3	8	4	6	2	5	9	7
2	9	4	7	5	8	1	6	3
5	7	6	3	9	1	4	8	2
6	8	1	9	2	5	7	3	4
4	5	9	8	7	3	2	1	6
7	2	3	6	1	4	9	5	8

#92

3	4	8	5	2	6	1	7	9
6	7	5	9	4	1	2	8	3
1	9	2	8	3	7	5	6	4
4	2	7	6	9	3	8	1	5
5	1	3	2	7	8	9	4	6
9	8	6	1	5	4	7	3	2
2	3	1	7	6	5	4	9	8
7	6	9	4	8	2	3	5	1
8	5	4	3	1	9	6	2	7

#93

2	9	7	5	8	1	3	4	6
8	3	4	2	6	9	5	7	1
1	6	5	4	3	7	9	8	2
6	1	9	8	5	3	4	2	7
7	4	8	1	9	2	6	5	3
5	2	3	7	4	6	8	1	9
3	5	1	6	2	8	7	9	4
4	7	6	9	1	5	2	3	8
9	8	2	3	7	4	1	6	5

#94

7	9	5	1	2	3	8	6	4
8	2	1	6	9	4	3	5	7
6	4	3	5	7	8	2	9	1
1	3	2	7	5	6	4	8	9
5	6	8	4	3	9	7	1	2
4	7	9	2	8	1	5	3	6
3	1	7	9	4	5	6	2	8
2	8	6	3	1	7	9	4	5
9	5	4	8	6	2	1	7	3

#95

2	1	9	5	6	7	3	4	8
6	7	4	8	3	9	5	2	1
3	5	8	4	2	1	7	6	9
5	4	3	7	8	6	9	1	2
1	9	6	2	5	4	8	3	7
8	2	7	1	9	3	6	5	4
4	3	2	9	7	5	1	8	6
9	8	5	6	1	2	4	7	3
7	6	1	3	4	8	2	9	5

#96

3	7	4	5	9	1	2	6	8
2	9	8	3	7	6	5	1	4
6	1	5	2	4	8	9	3	7
8	3	2	1	6	4	7	5	9
5	4	7	9	8	3	6	2	1
9	6	1	7	5	2	4	8	3
7	8	9	6	1	5	3	4	2
1	5	3	4	2	9	8	7	6
4	2	6	8	3	7	1	9	5

#97

1	9	2	5	8	4	7	3	6
8	4	5	3	7	6	2	1	9
3	6	7	9	1	2	8	5	4
2	1	6	4	5	8	3	9	7
7	3	9	2	6	1	5	4	8
5	8	4	7	9	3	6	2	1
4	5	1	6	2	7	9	8	3
9	7	3	8	4	5	1	6	2
6	2	8	1	3	9	4	7	5

#98

9	2	7	6	1	8	3	5	4
3	6	1	5	2	4	9	7	8
4	5	8	3	7	9	6	2	1
8	7	6	4	3	5	2	1	9
1	3	9	2	8	6	5	4	7
5	4	2	7	9	1	8	3	6
6	8	4	1	5	3	7	9	2
7	1	3	9	6	2	4	8	5
2	9	5	8	4	7	1	6	3

#99

8	5	1	4	9	2	3	6	7
6	7	4	5	3	1	9	2	8
2	3	9	6	7	8	1	4	5
5	4	8	9	1	6	2	7	3
1	9	2	3	4	7	8	5	6
3	6	7	2	8	5	4	1	9
7	2	3	1	5	9	6	8	4
9	1	5	8	6	4	7	3	2
4	8	6	7	2	3	5	9	1

#100

7	2	9	5	3	6	4	8	1
1	6	3	8	7	4	2	5	9
8	4	5	9	1	2	6	7	3
9	7	2	4	6	8	1	3	5
5	3	1	7	2	9	8	6	4
6	8	4	1	5	3	9	2	7
3	5	8	6	4	1	7	9	2
2	1	6	3	9	7	5	4	8
4	9	7	2	8	5	3	1	6